Archimède

L'Arénaire

Essai

 Le code de la propriété intellectuelle du 1er juillet 1992 interdit en effet expressément la photocopie à usage collectif sans autorisation des ayants droit. Or, cette pratique s'est généralisée dans les établissements d'enseignement supérieur, provoquant une baisse brutale des achats de livres et de revues, au point que la possibilité même pour les auteurs de créer des œuvres nouvelles et de les faire éditer correctement est aujourd'hui menacée. En application de la loi du 11 mars 1957, il est interdit de reproduire intégralement ou partiellement le présent ouvrage, sur quelque support que ce soit, sans autorisation de l'Éditeur ou du Centre Français d'Exploitation du Droit de Copie , 20, rue Grands Augustins, 75006 Paris.

ISBN : 978-1977742810

10 9 8 7 6 5 4 3 2 1

Archimède

L'Arénaire

Essai

Table de Matières

L'Arénaire 6
Commentaire sur l'Arénaire 21

L'Arénaire

IL est des personnes, ô roi Gélon, qui pensent que le nombre des grains de sable est infini. Je ne parle point du sable qui est autour de Syracuse et qui est répandu dans le reste de la Sicile, mais bien de celui qui se trouve non seulement dans les régions habitées, mais encore dans les régions inhabitées. Quelques-uns croient que le nombre des grains de sable n'est pas infini, mais qu'il est impossible d'assigner un nombre plus grand. Si ceux qui pensent ainsi se représentaient un volume de sable qui fût égal à celui de la terre, qui remplît toutes ses cavités, et les abîmes delà mer, et qui s'élevât jusqu'aux sommets des plus hautes montagnes, il est évident qu'ils seraient bien moins persuadés qu'il pût exister un nombre qui surpassât celui des grains de sable.

Quant à moi, je vais faire voir par des démonstrations géométriques auxquelles tu ne pourras refuser ton assentiment, que parmi les nombres dénommés par nous dans les livres adressés à Zeuxippe, il en est qui excèdent le nombre des grains d'un volume de sable égal non seulement à la grandeur de la terre, mais encore à celui de l'univers entier.

Tu sais que le monde est appelé par la plupart des astronomes une sphère dont le centre est le même que celui de la terre et dont le rayon est égal à la droite placée entre le centre de la terre et celui du soleil. Aristarque de Samos rapporte ces choses en les réfutant, dans les propositions qu'il a publiées contre les astronomes. D'après ce qui est dit par Aristarque de Samos, le monde serait beaucoup plus grand que nous venons de le dire; car il suppose que les étoiles et le soleil sont immobiles ; que la terre tourne autour du soleil comme centre; et que la grandeur de la sphère des étoiles fixes dont le centre est celui du soleil, est telle que la circonférence du cercle qu'il suppose décrite par la terre est à la distance des étoiles fixes comme le centre de la sphère est à la surface. Mais il est évident que cela ne saurait être, parce que le centre de la sphère n'ayant aucune grandeur, il s'ensuit qu'il ne peut avoir aucun rapport avec la surface de la sphère. Mais à cause que l'on conçoit la terre comme étant le centre du monde, il faut penser qu'Aristarque a voulu dire que la terre est à la sphère que nous appelons le monde, comme la sphère dans laquelle est le cercle qu'il suppose décrit par la terre est à la sphère des étoiles fixes; car il établit ses démonstrations, en supposant que les phénomènes se passent ainsi ; et il paraît qu'il suppose que la grandeur de la sphère dans laquelle il veut que la terre se meuve est égale à la sphère que nous appelons le monde (α).

Nous disons donc que si l'on avait une sphère de sable aussi grande que la sphère des étoiles fixes supposée par Aristarque, on pourrait démontrer que parmi les nombres dénommés dans le *Livre des Principes*, il y en aurait qui surpasseraient le nombre de grains de sable contenus dans cette sphère.

Cela posé, que le contour de la terre soit à peu près de trois cent myriades de stades (β), mais non plus grand. Car tu n'ignores point que d'autres ont voulu démontrer que le contour de la terre est à peu près de trente myriades de stades. Pour moi, allant beaucoup plus loin, je le suppose dix fois aussi grand, c'est-à-dire que je le suppose à peu près de trois cent myriades de stades, mais non plus grand. Je suppose ensuite, d'après la plupart des astronomes dont nous venons de parler, que le diamètre de la terre est plus grand que celui de la lune, et que celui du soleil est plus grand que celui de la terre ; je suppose enfin que le diamètre du soleil est environ trente fois aussi grand que le diamètre de la lune, mais non plus grand. Car parmi les astronomes dont nous venons de parler, Eudoxe a affirmé que le diamètre du soleil était environ neuf fois aussi grand que celui de la lune; Phidias, fils d'Acupatre, a dit qu'il était environ douze fois aussi grand ; et enfin Aristarque s'est efforcé de démontrer que le diamètre du soleil était plus grand que dix-huit fois le diamètre de la lune et plus petit que vingt fois. Pour moi, allant encore plus loin, afin de démontrer sans réplique ce que je me suis proposé, je suppose que le diamètre du soleil est à peu près égal à trente fois le diamètre de la lune, mais non plus grand. Je suppose, outre cela, que le diamètre du soleil est plus grand que le côté d'un polygone de mille côtés inscrit dans un grand cercle de la sphère dans laquelle il se meut : je fais cette supposition, parce qu'Aristarque affirme que le soleil paraît être la sept cent vingtième partie du cercle qu'on appelle le Zodiaque.

J'ai fait tous mes efforts pour prendre, avec des instruments, l'angle qui comprend le soleil et qui a son sommet à l'œil de l'observateur.

L'Arénaire

Cet angle n'est pas facile à prendre, parce qu'avec l'œil, les mains et les instruments dont on se sert pour cela, on ne peut pas le mesurer d'une manière bien exacte. Mais il est inutile de parler davantage de l'imperfection de ces instruments, parce que cela a déjà été fait plusieurs fois. Au reste, il me suffit, pour démontrer ce que je me suis proposé, de prendre un angle qui ne soit pas plus grand que celui qui comprend le soleil et qui a son sommet à l'œil de l'observateur; et ensuite un autre angle qui ne soit pas plus petit que celui qui comprend le soleil et qui a aussi son sommet à l'œil de l'observateur.

C'est pourquoi ayant placé une longue règle sur une surface plane élevée dans un endroit d'où l'on pût voir le soleil levant; aussitôt après le lever du soleil, je posai perpendiculairement sur cette règle un petit cylindre. Le soleil étant sur l'horizon et pouvant être regardé en face (γ), je dirigeai la règle vers le soleil, l'œil étant à une de ses extrémités, et le cylindre étant placé entre le soleil et l'œil de manière qu'il cachât entièrement le soleil. J'éloignai le cylindre de l'œil jusqu'à ce que le soleil commençât à être aperçu le moins possible de part et d'autre du cylindre, et alors j'arrêtai le cylindre. Si l'œil apercevait le soleil d'un seul point, et si l'on conduisait de l'extrémité de la règle où l'œil est placé des droites qui fussent tangentes au cylindre, il est évident que l'angle compris par ces droites serait plus petit que l'angle qui aurait son sommet à l'œil et qui embrasserait le soleil ; parce qu'on apercevrait quelque chose du soleil de part et d'autre du cylindre. Mais à cause que l'œil n'aperçoit pas les objets par un seul point ; et que la partie de l'œil qui voit à une certaine grandeur (δ), je pris un cylindre dont le diamètre ne fût pas plus petit que la largeur de la, partie de l'œil qui voit ; je posai ce cylindre à l'extrémité de la règle où l'œil était placé, et je conduisis ensuite deux droites tangentes aux deux cylindres. Il est évident que l'angle compris par ces tangentes dut se trouver plus petit que l'angle qui embrassait le soleil et qui avait son sommet à l'œil.

On trouve un cylindre dont le diamètre ne soit pas plus petit que la largeur de la partie de l'œil qui voit de la manière suivante : on prend deux cylindres d'un petit diamètre, mais d'un diamètre égal, dont l'un soit blanc et dont l'autre ne le soit pas ; on les place devant l'œil, de manière que le cylindre blanc soit le plus éloigné et que l'autre soit le plus près possible et touche le visage. Si les diamètres des cylindres sont plus petits que la largeur de la partie de l'œil qui voit, il est évident que cette partie de l'œil aperçoit, en embrassant le cylindre qui est près du visage, l'autre cylindre qui est blanc ; elle le découvre tout entier, si les diamètres des cylindres sont beaucoup plus petits que la largeur de la partie de l'œil qui voit ; sinon, elle n'en découvre que quelques parties placées de part et d'autre de celui qui est près de l'œil. Je disposai donc de cette manière deux cylindres dont l'épaisseur était telle que l'un cachait l'autre par son épaisseur sans cacher un endroit plus grand. Il est évident qu'une grandeur égale à l'épaisseur de ces cylindres n'est pas, en quelque façon, plus petit que la largeur de la partie de l'œil qui voit.

Pour prendre un angle qui ne fut pas plus petit que l'angle, qui embrasse le soleil et qui a son sommet à l'œil, je me conduisis de la manière suivante : Après avoir éloigné de l'œil le cylindre jusqu'à ce qu'il cachât le soleil tout entier, je menai de l'extrémité de la règle où l'œil était placé des droites tangentes au cylindre. Il est évident que l'angle compris par ces droites dut se trouver plus grand que celui qui embrasse le soleil et qui a son sommet à l'œil.

Ces angles ayant été pris de cette manière, et les ayant comparés avec un angle droit, le plus grand de ces angles, qui avait son sommet au point marqué sur la règle, se trouva plus petit que la cent soixante-quatrième partie d'un angle droit et le plus petit se trouva plus grand que la deux centième partie de ce même angle. Il est donc évident que l'angle qui embrasse le soleil et qui a son sommet à l'œil est plus petit que la cent soixante-quatrième partie d'un angle droit et plus grand que la deux centième partie de ce même angle.

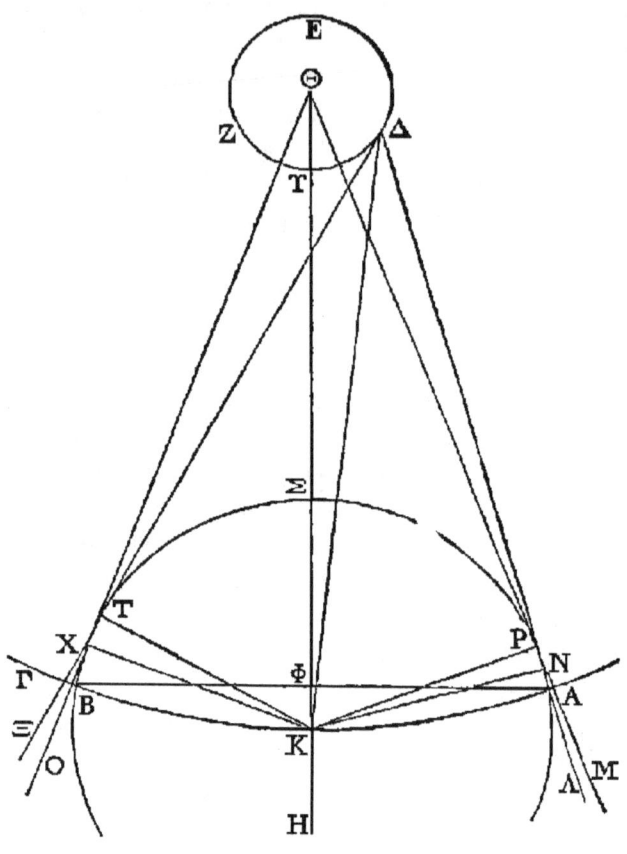

Cela étant ainsi, on démontre que le diamètre du soleil est plus grand que le côté d'un polygone de mille côtés inscrit dans un grand cercle de la sphère du monde. En effet, supposons un plan conduit par le centre de la terre, par le centre du soleil et par l'œil de l'observateur, le soleil étant peu élevé au-dessus de l'horizon. Ce plan coupera la sphère du monde suivant le cercle ABΓ, la terre suivant le cercle AEZ, et le soleil suivant le cercle ΣH. Que le point Θ soit le centre de la terre, le point K le centre du soleil, et le point Δ l'œil de l'observateur. Conduisons des droites tangentes au cercle ΣH; savoir, du point Δ les droites ΔΛ, ΔΞ tangentes aux points N et T, et du point Θ les droites ΘM, ΘO tangentes aux points P et X. Θue ces droites ΘM, ΘO coupent la circonférence du cercle ABΓ aux points A, B. La droite ΘK sera plus grande que la droite ΔK, parce que l'on suppose le soleil au-dessus de l'horizon (ε). Donc l'angle compris par les droites ΔΛ, ΔΞ est plus grand que l'angle compris par les droites ΘM, ΘO (ζ). Mais l'angle compris par les droites ΔΛ, ΔΞ est plus grand que la 200ᵉ partie d'un angle droit et plus petit que la 164ᵉ partie de ce même angle ; parce que cet angle est égal à l'angle qui embrasse le soleil et qui a son sommet à l'œil. Donc l'angle compris par les droites ΘM, ΘO est plus petit que la 164ᵉ partie d'un angle droit. Donc la droite AB est plus petite que la corde de la 656ᵉ partie de la circonférence du cercle ABΓ.

Mais la raison du contour du polygone dont nous venons de parler au rayon du cercle ABΓ est moindre que la raison de 44 à 7 ; parce que la raison du contour d'un polygone quelconque inscrit dans un cercle au rayon de ce cercle est plus petite que la raison de 44 à 7. Car tu n'ignores pas que nous avons démontré que le contour d'un cercle quelconque est plus grand que le triple du diamètre, augmenté d'une certaine partie qui est plus petite que le 7ᵉ de son diamètre, et plus grande que les 10/71ᵉ (*de la Mesure du Cercle*, prop. 3). Donc la raison de BA à ΘK est moindre que la raison de 11 à 1148 (η). Donc la droite BA est plus petite que la 100ᵉ partie de ΘK (θ). Mais le diamètre du cercle ΣH est égal à BA; parce que la droite ΦA moitié de BA est égale à KP, à cause que les droites ΘK, ΘA étant égales, on a abaissé de leurs extrémités des perpendiculaires opposées au même angle. Il est donc évident que le diamètre du cercle ΣH est plus petit que la 100ᵉ partie de ΘK. Mais le diamètre EΘY est plus petit que le diamètre du cercle ΣH, parce que le cercle AEZ est plus petit que le cercle ΣH; donc la somme des droites ΘY, KΣ est plus petite que la 100ᵉ partie de ΘK. Donc la raison de ΘK à YΣ est moindre que la raison de 100 à 99 (ι). Mais ΘK n'est pas plus petit que ΘP, et ΣY est plus petit que ΔT ; donc la raison de ΘP à ΔT est moindre que la raison de 100 à 99. De plus, puisque les côtés KP, KT des triangles rectangles ΘKP, ΔKT sont égaux, que les côtés ΘP, ΔT sont inégaux et que le côté ΘP est le plus grand, la raison de l'angle compris par les côtés ΔT, ΔK à l'angle compris par les côtés ΘP, ΘK sera plus grande que la raison de la droite ΘK à la droite ΔK, et moindre que la raison de ΘP à ΔT; car si parmi les côtés de deux triangles rectangles qui comprennent l'angle droit, les uns sont égaux et les autres inégaux, la raison du plus grand des angles inégaux compris par les côtés inégaux au plus petit de ces angles, est plus grande que la raison du plus grand des côtés opposés à l'angle droit au plus petit de ces côtés, et moindre que la raison du plus .grand des côtés qui comprennent l'angle droit au plus petit (κ). Donc la raison de l'angle compris entre les côtés ΔΛ, ΔΞ à l'angle compris entre les côtés ΘO, ΘM est moindre que la raison de ΘP à ΔT, laquelle est certainement moindre que la raison de 100 à 99. Donc la raison de l'angle compris par les côtés ΔΛ, ΔΞ à l'angle compris entre ΘM, ΘO est moindre que la raison de 100 à 99. Mais l'angle compris par les côtés ΔΛ, ΔΞ est plus grand que la 200e partie d'un angle droit; donc l'angle compris par les côtés ΘM, ΘO sera plus grand que les 99/2000[e] d'un angle droit. Donc cet angle sera plus grand que le 203e d'un angle droit. Donc la droite BA est plus grande que la corde d'un arc de la circonférence du cercle ABΓ divisée en 812 parties. Mais le diamètre du soleil est égal à la droite AB ; il est donc évident que le diamètre du soleil est plus grand que le côté d'un polygone de mille côtés.

Cela étant posé, on démontre aussi que le diamètre du monde est plus petit qu'une myriade de fois le diamètre de la terre, et que le diamètre du monde est plus petit que cent myriades de myriades de stades. Car puisqu'on a supposé que le diamètre du soleil n'est pas plus grand que trente fois le diamètre de la lune, et que le diamètre de la terre est plus grand que le diamètre de la lune, il est évident que le diamètre du soleil est plus petit que trente fois le diamètre de la terre. De plus, puisqu'on a démontré que le diamètre du soleil est plus grand que le côté d'un polygone de mille côtés inscrit dans un grand cercle de la sphère du monde, il est évident que le contour du polygone de mille côtés dont nous venons de parler est plus petit que mille fois le diamètre du soleil. Mais le diamètre du soleil est plus petit que trente fois le diamètre de la terre; donc le contour de ce polygone est plus petit que trois myriades de fois le diamètre de la terre. Mais le contour de ce polygone est plus petit que trois myriades de fois le diamètre de la terre et plus grand que le triple du diamètre du monde, parce qu'il est démontré que le diamètre d'un cercle quelconque est plus petit que la troisième partie du contour d'un polygone quelconque qui est inscrit dans ce cercle, et qui a plus de six côtés égaux. Donc le diamètre du monde est plus petit qu'une myriade de fois le diamètre de la terre. Il est donc évident que le diamètre du monde qui est plus petit qu'une myriade de fois le diamètre de la terre sera plus petit que cent myriades de myriades de stades. Mais nous avons supposé que le contour de la terre ne surpasse pas trois cents myriades de stades, et le contour de la terre est plus grand que le triple de son diamètre, parce que le contour d'un cercle quelconque est plus grand que le triple de son diamètre ; il est donc évident que le diamètre de la terre est plus petit que cent myriades de stades. Mais le diamètre du monde est plus petit qu'une myriade de fois le diamètre de la terre ; il est donc évident que le diamètre du monde est plus petit que cent myriades de myriades de stades.

Voilà ce que nous avons supposé relativement aux grandeurs et aux distances, et voici ce que nous supposons relativement aux grains de sable. Soit un volume de sable qui ne soit pas plus grand qu'une graine de pavot ; que le nombre des grains de sable qu'il renferme ne surpasse pas une myriade, et que le diamètre de cette graine de pavot ne soit pas plus petite que la quarantième partie d'un doigt.

Voilà ce que je suppose, et voici ce que je fis à ce sujet. Je plaçai des graines de pavot en droite ligne sur une petite règle, de manière qu'elles se touchassent mutuellement ; vingt-cinq de ces graines occupèrent une longueur plus grande que la largeur d'un doigt. Je supposai que le diamètre d'une graine de pavot était encore plus petit, et qu'il n'était que le quarantième de la largeur d'un doigt, afin de ne point éprouver de contradiction dans ce que je m'étais proposé. Telles sont les suppositions que nous faisons. Mais je pense qu'il est nécessaire à présent d'exposer les dénominations de nombres ; si je n'en disais rien dans ce livre, je craindrais que ceux qui n'auraient pas lu celui que j'ai adressé à Zeuxippe ne tombassent dans l'erreur.

On a donné des noms aux nombres jusqu'à une myriade et au-delà d'une myriade, les noms qu'on a donné aux nombres sont assez connus, puisqu'on ne fait que répéter une myriade jusqu'à dix mille myriades.

L'Arénaire

Que les nombres dont nous venons de parler et qui vont jusqu'à une myriade de myriades soient appelés nombres premiers, et qu'une myriade de myriades des nombres premiers soit appelée l'unité des nombres seconds; comptons par ces unités, et par les dizaines, les centaines, les milles, les myriades de ces mêmes unités, jusqu'à une myriade de myriades. Qu'une myriade de myriades des nombres seconds soit appelée l'unité des nombres troisièmes, comptons par ces unités, et par les dizaines, les centaines, les milles, les myriades de ces mêmes unités, jusqu'à une myriade de myriades; qu'une myriade de myriades des nombres troisièmes soit appelée l'unité des nombres quatrièmes; qu'une myriade de myriades de nombres quatrièmes soit appelée l'unité des nombres cinquièmes, et continuons de donner des noms aux nombres suivants jusqu'aux myriades de myriades de nombres composés de myriades de myriades des nombres troisièmes.

Quoique cette grande quantité de nombres connus soit certainement plus que suffisante, on peut cependant aller plus loin. En effet, que les nombres dont nous venons de parler soient appelés les nombres de la première période, et que le dernier nombre de la première période soit appelé l'unité des nombres premiers de la seconde période. De plus, qu'une myriade de myriades des nombres premiers de la seconde période soit appelée l'unité des nombres seconds de la seconde période; qu'une myriade de myriades des nombres seconds de la seconde période soit appelée l'unité des nombres troisièmes de la seconde période, et continuons de donner des noms aux nombres suivants jusqu'à un nombre de la seconde période qui soit égal aux myriades de myriades de nombres composés de myriades de myriades. De plus, que le dernier nombre de la seconde période soit appelé l'unité des nombres premiers de la troisième période, et continuons de donner des noms aux nombres suivants jusqu'aux myriades de myriades de la période formée d'une myriade de myriades de nombres de myriades de myriades (λ).

Les nombres étant ainsi nommés, si des nombres continuellement proportionnels, à partir de l'unité, sont placés les uns à la suite des autres, et si le nombre qui est le plus près de l'unité est une dizaine, les huit-premiers nombres, y compris l'unité, seront ceux qu'on appelle nombres premiers; les huit suivants seront ceux qu'on appelle seconds et les autres nombres seront dénommés de la même manière d'après la distance de leur octade à l'octade des nombres premiers. C'est pourquoi le huitième nombre de la première octade sera de mille myriades, le premier nombre de la seconde octade, qui est l'unité des nombres seconds, sera une myriade de myriades, parce qu'il est décuple de celui qui le précède ; le huitième nombre de la seconde octave sera de mille myriades des nombres seconds, et enfin le premier nombre de la troisième octade qui est l'unité des nombres troisièmes sera une myriade de myriades des nombres seconds, parce qu'il est décuple de celui qui le précède. Il est donc évident qu'on aura plusieurs octades ainsi qu'on l'a dit.

Il est encore utile de connaître ce qui suit. Si des nombres sont continuellement proportionnels à partir de l'unité, et si deux termes de cette progression sont multipliés l'un par l'autre, le produit sera un terme de cette progression éloignée d'autant de termes du plus grand facteur que le plus petit facteur l'est de l'unité. Ce même produit sera éloigné de l'unité d'autant de termes moins un que les deux facteurs le sont ensemble de l'unité (μ).

En effet, soient A, B, Γ, Δ, E, Z, H, Θ, I, K, Λ certains nombres proportionnels à partir de l'unité; que A soit l'unité. Que le produit de Δ par Θ soit X. Prenons un terme Λ de la progression éloignée de Θ d'autant de termes que Δ l'est de l'unité. Il faut démontrer que X est égal à Λ. Puisque les nombres A, B, Γ, Δ, E, Z, H, Θ, I, K, Λ sont proportionnels, et que Δ est autant éloigné de A que Λ l'est de Θ, le nombre Δ sera au nombre A comme le nombre Λ est au nombre Θ ; mais Δ est égal au produit de A par Δ ; donc Λ est égal au produit de Θ par Δ (ν) ; donc Λ est égal à X. Il est donc évident que le produit de Δ par Θ est un terme de la progression, et qu'il est éloigné du plus grand facteur d'autant de termes que le plus petit l'est de l'unité. De plus il est évident que ce même produit sera éloigné de l'unité d'autant de termes moins un que les facteurs le sont ensemble de l'unité. En effet, le nombre des termes A, B, Γ, Δ, E, Z, H, Θ est égal au nombre des termes dont Θ est éloigné de l'unité; et le nombre des termes I, K, Λ est plus petit d'une unité que le nombre des termes dont Θ est éloigné de l'unité, puisque le nombre de ces termes avec Θ est égal au nombre des termes dont Θ est éloigné de l'unité.

L'Arénaire

Ces choses étant en partie supposées et en partie démontrées, nous allons faire voir ce que nous nous sommes proposés. En effet, puisque l'on a supposé que le diamètre d'une graine de pavot n'est pas plus petit que la quarantième partie de la largeur d'un doigt, il est évident qu'une sphère qui a un diamètre de la largeur d'un doigt n'est pas plus grande qu'il ne le faut pour contenir six myriades et quatre mille graines de pavots. Car cette sphère est égale à soixante-quatre fois une sphère qui a un diamètre d'un quarantième de doigt; parce qu'il est démontré que les sphères sont entre elles en raison triplée de leurs diamètres. Mais on a supposé que le nombre des grains de sable contenus dans une graine de pavot n'était pas de plus d'une myriade ; il est donc évident que le nombre des grains de sable contenus dans une sphère ayant un diamètre de la largeur d'un doigt ne surpassera pas une myriade de fois six myriades et quatre mille. Mais ce nombre renferme six unités des nombres seconds et quatre mille myriades des nombres premiers; ce nombre est donc plus petit que dix unités des nombres seconds. Une sphère qui a un diamètre de cent doigts est égal à cent myriades de fois une sphère qui a un diamètre d'un doigt, parce que les sphères sont en raison triplée de leurs diamètres (ξ). Donc si l'on avait une sphère de sable dont le diamètre fût de cent doigts, il est évident que le nombre des grains de sable serait plus petit que celui qui résulte du produit de dix unités des nombres seconds par cent myriades. Mais dix unités des nombres seconds sont, à partir de l'unité, le dixième terme d'une progression dont les termes sont décuples les uns des autres, et cent myriades en sont le septième terme, à partir aussi de l'unité. Il est donc évident que le nombre qui résulte du produit de ces deux nombres est le sixième terme de la progression à partir de l'unité. Car on a démontré que le produit de deux termes d'une progression qui commence par un, est distant de l'unité d'autant de termes moins un que les facteurs ensemble le sont de l'unité. Mais parmi ces seize termes, les huit premiers conjointement avec l'unité, appartiennent aux nombres premiers, et les huit autres appartiennent aux nombres seconds, et le dernier terme est de mille myriades des nombres seconds. Il est donc évident que le nombre des grains de sable contenus dans une sphère de cent doigts de diamètre, est plus petit que mille myriades des nombres seconds.

Une sphère d'un diamètre d'une myriade de doigts est égal à cent myriades de fois une sphère d'un diamètre de cent doigts. Donc, si l'on avait une sphère de sable d'un diamètre d'une myriade de doigts, il est évident que le nombre des grains de sable contenus dans cette sphère serait plus petit que celui qui résulte du produit de mille myriades de nombres seconds par cent myriades. Mais mille myriades de nombres seconds sont le seizième terme de la progression, à partir de l'unité, et cent myriades en sont le septième terme, à partir aussi de l'unité; il est donc évident que le nombre qui résulte du produit de ces deux nombres sera le vingt-deuxième terme de la progression, à partir de l'unité. Mais parmi ces vingt-deux termes, les huit premiers y compris l'unité appartiennent aux nombres qu'on appelle premiers, les huit suivants aux nombres qu'on appelle seconds, les six restants à ceux qu'on appelle troisièmes, et enfin le dernier terme est de dix myriades des nombres troisièmes. Il est donc évident que le nombre des grains de sable contenus dans une sphère qui aurait un diamètre de dix mille doigts, ne serait pas moindre que dix myriades des nombres troisièmes. Mais une sphère qui a un diamètre d'une stade est plus petite qu'une sphère qui a un diamètre d'une myriade de doigts. Il est donc évident que le nombre des grains de sable contenus dans une sphère qui aurait un diamètre d'une stade, serait plus petit que dix myriades des nombres troisièmes.

Une sphère qui a un diamètre de cent stades est égal à cent myriades de fois une sphère qui a un diamètre d'une stade.

Donc si l'on avait une sphère de sable aussi grande que celle qui a un diamètre de cent stades, il est évident que le nombre des grains de sable serait plus petit que le nombre qui résulte du produit d'une myriade de myriades des nombres troisièmes par cent myriades. Mais dix myriades des nombres troisièmes sont le vingt-deuxième terme de la progression à partir de l'unité, et cent myriades en sont le septième terme, à partir aussi de l'unité. Il est donc évident que le produit de ces deux nombres est le vingt-huitième terme de cette même progression, à partir de l'unité. Mais parmi ces vingt-huit termes, les huit premiers, y compris l'unité, appartiennent aux nombres qu'on appelle premiers; les huit suivants, à ceux qu'on appelle seconds ; les huit suivants, à ceux qu'on appelle troisièmes ; les quatre restants, à ceux qu'on appelle quatrièmes, et le dernier de ceux-ci est de mille unités des nombres quatrièmes. Il est donc évident que le nombre des grains de sable contenus dans une sphère d'un diamètre de cent stades, serait plus petit que mille unités des nombres quatrièmes.

Une sphère qui a un diamètre de dix mille stades est égale à cent myriades de fois une sphère qui a un diamètre de cent stades. Donc si l'on avait .une sphère de sable qui a un diamètre de dix mille stades, il est évident que le nombre des grains de sable serait plus petit que celui qui résulte du produit de mille unités des nombres quatrièmes par cent myriades. Mais mille unités des nombres quatrièmes sont le vingt-huitième terme de la progression, à partir de l'unité, et cent myriades en sont le septième, à partir aussi de l'unité. Il est donc évident que le produit sera le trente-quatrième terme, à partir de l'unité. Mais parmi ces termes, les huit premiers, y compris l'unité, appartiennent aux nombres qu'on appelle premiers; les huit suivants, à ceux qu'on appelle seconds ; les huit suivants, à ceux qu'on appelle troisièmes ; les huit suivants, à ceux qu'on appelle quatrièmes ; les deux restants, à ceux qu'on appelle cinquièmes ; et le dernier de ceux-ci est de dix unités de nombres cinquièmes. Il est donc évident que le nombre des grains de sable contenus dans une sphère ayant un diamètre d'une myriade de stades, serait plus petit que dix unités des nombres cinquièmes.

Une sphère qui a un diamètre de cent myriades de stades est égal à cent myriades de fois une sphère ayant un diamètre d'une myriade de stades. Donc si l'on avait une sphère de sable ayant un diamètre de cent myriades de stades, il est évident que le nombre des grains de sable serait plus petit que le produit de dix unités des nombres cinquièmes par cent myriades. Mais dix unités des nombres cinquièmes sont le trente-quatrième terme de la progression, à partir de l'unité, et cent myriades sont le septième terme, à partir aussi de l'unité. Il est donc évident que le produit de ces deux nombres sera le quarantième terme de la progression, à partir de l'unité. Mais parmi ces quarante termes, les huit premiers, y compris l'unité, appartiennent aux nombres qu'on appelle premiers; les huit suivants, à ceux qu'on appelle seconds; les huit suivants, à ceux qu'on appelle troisièmes ; les huit qui suivent les nombres troisièmes, à ceux qu'on appelle quatrièmes; les huit qui suivent les nombres quatrièmes, à ceux qu'on appelle cinquièmes, et le dernier de ceux-ci est de mille myriades de nombres cinquièmes. Il est donc évident que le nombre des grains de sable contenus dans une sphère ayant un diamètre de cent myriades de stades serait plus petit que mille myriades des nombres cinquièmes.

Une sphère qui a un diamètre d'une myriade de myriades de stades est égale à cent myriades de fois une sphère ayant un diamètre de cent myriades de stades. Si donc l'on avait une sphère de sable dont le diamètre fut d'une myriade de myriades de stades, il est évident que le nombre des grains de sable serait plus petit que le produit de mille myriades de nombres cinquièmes par cent myriades. Mais mille myriades des nombres cinquièmes sont le quarantième terme de la progression, à partir de l'unité, et cent myriades sont le septième, à partir aussi de l'unité. Il est donc évident que le produit de ces deux nombres est le quarante-sixième de la progression, à partir de l'unité. Mais parmi ces quarante-six termes, les huit premiers, y compris l'unité, appartiennent aux nombres qu'on appelle premiers; les huit suivants, à ceux qu'on appelle seconds; les huit suivants, à ceux qu'on appelle troisièmes; les huit qui suivent les nombres troisièmes, à ceux qu'on appelle quatrièmes; les huit qui viennent après les nombres quatrièmes, à ceux qu'on appelle cinquièmes; les six restants à ceux qu'on appelle sixièmes, et le dernier de ceux-ci est de dix myriades des nombres sixièmes. Il est donc évident que le nombre des grains de sable contenus dans une sphère qui aurait un diamètre de dix mille myriades de stades, serait plus petit que dix myriades des nombres sixièmes.

Une sphère qui a un diamètre de cent myriades de myriades de stades est égal à cent myriades de fois une sphère qui a un diamètre d'une myriade de myriades de stades. Si donc l'on avait une sphère de sable dont le diamètre fût de cent myriades de myriades, il est évident que le nombre des grains de sable serait plus petit que le produit de dix myriades des nombres sixièmes par cent myriades. Mais dix myriades des nombres sixièmes sont le quarante-sixième terme de la progression, à partir de l'unité, et cent myriades en sont le septième, à partir aussi de l'unité; il est donc évident que le produit de ces deux nombres sera le cinquante-deuxième terme de la progression, à partir de l'unité. Mais parmi ces cinquante-deux termes, les quarante-huit premiers, y compris l'unité, appartiennent aux nombres qu'on appelle premiers, seconds,

L'Arénaire

troisièmes, quatrièmes, cinquièmes et sixièmes, les quatre restants appartiennent aux nombres septièmes, et le dernier de ceux-ci est de mille unités des nombres septièmes. Il est donc évident que le nombre des grains de sable contenus dans une sphère ayant un diamètre de cent myriades de myriades de stades, sera plus petit que mille unités des nombres septièmes.

Puisque l'on a démontré que le diamètre du monde n'est pas de cent myriades de myriades, il est évident que le nombre des grains de sable contenus dans une sphère égale à celle du monde, est plus petit que mille unités de nombres septièmes. On a donc démontré que le nombre des grains de sable contenus dans une sphère égale en grandeur à celle que la plupart des astronomes appellent monde, serait plus petit que mille unités des nombres septièmes.

Nous allons démontrer à présent que le nombre des grains de sable contenus dans une sphère aussi grande que la sphère des étoiles fixes, supposée par Aristarque, est plus petit que mille myriades des nombres huitièmes. En effet, puisque l'on suppose que la terre est à la sphère que nous appelons le monde comme la sphère que nous appelons le monde est à la sphère des étoiles fixes supposée par Aristarque; que les diamètres des sphères sont proportionnels entre eux et que l'on a démontré que le diamètre du monde est plus petit qu'une myriade de fois le diamètre de la terre, il est évident que le diamètre de la sphère des étoiles fixes est plus petit que dix mille fois le diamètre du monde. Mais les sphères sont entre elles en raison triplée de leurs diamètres; il est donc évident que le nombre des grains de sable contenus .dans une sphère aussi grande que la sphère des étoiles fixes, supposée par Aristarque, serait plus petit qu'une myriade de myriades de myriades de fois la sphère du monde; car il a été démontré que le nombre des grains de sable qui feraient un volume égal au monde est plus petit que mille unités de nombres septièmes. Il est donc évident que si l'on formait de sable une sphère égale à celle qu'Aristarque suppose être celle des étoiles fixes, le nombre des grains de sable serait plus petit que le produit de mille unités des nombres septièmes par une myriade de myriades de myriades. Mais mille unités des nombres septièmes est le cinquante-deuxième terme de la progression à partir de l'unité, et une myriade de myriades de myriades en est le treizième, à partir aussi de l'unité; il est donc évident que le produit sera le soixante-quatrième terme de la progression. Mais ce nombre est le huitième des nombres huitièmes, c'est-à-dire qu'il est de mille myriades des nombres huitièmes; il est donc évident que le nombre des grains de sable contenus dans une sphère aussi grande que celle des étoiles fixes supposée par Aristarque, est plus petit que mille myriades des nombres huitièmes (o).

Je pense, ô roi Gélon, que ces choses ne paraîtront pas très croyables à beaucoup de personnes qui ne sont point versées dans les sciences mathématiques; mais elles seront démontrées pour ceux qui ont cultivé ces sciences et qui se sont appliqués à connaître les distances et les grandeurs de la terre, du soleil, de la lune et du monde entier. C'est pourquoi j'ai pensé qu'il ne serait pas inconvenant que d'autres les considérassent de nouveau.

Commentaire sur l'Arénaire

(α) IL est évident qu'Aristarque considère le centre d'une sphère comme étant une surface infiniment petite; et qu'eu employant cette analogie, il ne se propose de faire entendre autre chose, sinon que l'orbite de la terre est infiniment petite, par l'apport à la distance des étoiles au soleil. On aurait tort d'être surpris qu'Aristarque ait connu cette immense distance des étoiles : de cela seul que la hauteur méridienne des étoiles est toujours la même pendant une révolution de la terre autour du soleil, il lui était facile de conclure que, dans la supposition de l'immobilité des étoiles et du soleil, l'orbite de la terre devait être infiniment petite par rapport à la distance des étoiles.

(β) Une myriade veut dire dix mille; un stade était d'environ cent vingt-cinq pas géométriques.

(γ) Archimède prend le soleil à l'horizon pour que l'œil puisse en soutenir l'éclat sans en être trop incommodé ; car il n'avait pas de moyen pour le dépouiller d'une grande partie de sa lumière, (*DELAMBRE.*)

(δ) La partie de l'œil qui aperçoit les objets n'est autre chose que la prunelle dont le diamètre varie à chaque instant, selon que la lumière est plus ou moins vive. De cette manière il pourrait arriver que le cylindre trouvé d'après la méthode d'Archimède fût, au moment de l'observation, d'un diamètre plus petit ou plus grand que celui de la prunelle, et alors l'observation manquerait d'exactitude.

(ε) Car si le centre du soleil était à l'horizon, la droite ΔK serait tangente à la terre, et par conséquent perpendiculaire sur le rayon qui joint les points Δ, Θ ; et alors la droite ΘK serait plus grande que la droite ΔK. Mais à mesure que le soleil s'élève au-dessus de l'horizon, l'angle ΘΔK augmente et l'angle AΘK diminue ; donc la droite ΘK sera encore plus grande que la droite ΔK, lorsque le soleil est au-dessus de l'horizon.

(ζ) En effet, les deux triangles ΔNK, ΘPK ayant chacun un angle droit en N et en P ; le côté KN étant égal au côté KP, et l'hypoténuse ΔK étant plus petite que l'hypoténuse ΘK, l'angle NΔK sera plus grand que l'angle PΘK. Donc le double du premier sera plus grand que le double du second, c'est-à-dire que l'angle ΛΔΞ sera plus grand que l'angle MΘO.

(η) La raison du contour du polygone de 656 côtés inscrit dans le cercle ABΓ à KΘ étant moindre que la raison de 44 à 7, la raison d'un des côtés de ce polygone à KΘ sera moindre que la raison de 44/656ᵉ à 7, c'est-à-dire moindre que la raison de 44 à 4592, ou bien de 11 à 1148. Mais la droite AB est plus petite que je côté d'un polygone de 656 côtés ; donc la raison de AB à KΘ est moindre que la raison de 11 à 1148.

(θ) Car la raison de BA à ΘK est moindre que la raison de 11 à 1148, c'est-à-dire que BA/ΘK < 11/1148 ou bien en divisant la seconde fraction par 11, BA/ΘK < 1/(104+4/11). Donc à plus forte raison BA/ΘK < 1/100. Donc si BA est un, ΘK sera plus grand que cent. Donc BA est plus petit que le centième de ΘK.

(ι) Car puisque le diamètre du cercle ΣH est plus petit que la centième partie de ΘK, et que ΘY + ΣK est plus petit que le diamètre du cercle ΣH, il est évident que ΘY + ΣK sera plus petit que la centième partie de ΘK. Donc la droite ΘK étant partagée en cent parties égales, la droite YΣ sera plus grande que quatre-vingt-dix-neuf parties de ΘK. Donc la raison de ΘK à YΣ est moindre que la raison de cent à quatre-vingt-dix-neuf.

(κ) Soient les deux triangles ABΓ, ΔEZ, ayant des angles droits en B et E. Que BΓ soit égal à EZ et AB plus grand que ΔE : je dis que la raison de l'angle Δ à l'angle A, qui est plus petit que l'angle Δ, est plus grande que la raison de AΓ à ΔZ, et que la raison de l'angle Δ à l'angle A est moindre que la raison de AB à ΔE.

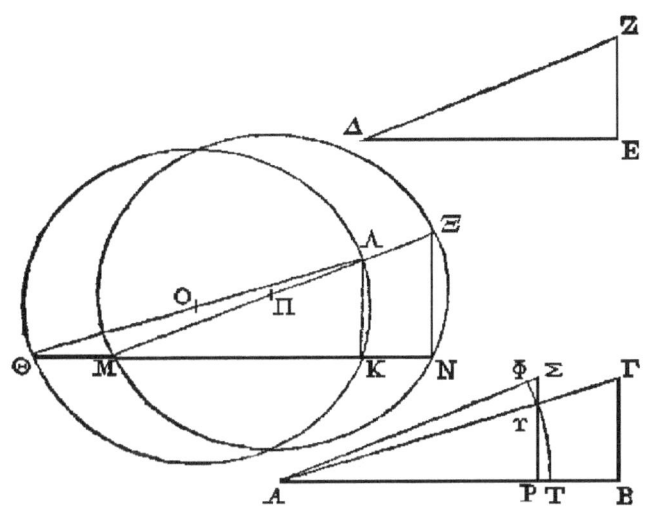

Faisons le triangle ΘKΛ égal et semblable au triangle ABΓ. Prenons MK égal à ΔE, et menons la droite MΛ. Le triangle MKΛ sera égal et semblable au triangle ΔEZ. Prolongeons MΛ vers Ξ, jusqu'à ce que MΞ s.oit égal à ΘΛ. Prolongeons aussi MK vers N, et du point Ξ conduisons la droite ΞN perpendiculaire sur MN. Le triangle MNΣ sera semblable au triangle MKΛ. Du point O, milieu de ΘΛ, et avec le rayon OΛ, décrivons une circonférence de cercle : cette circonférence passera par le point K. Du point Π, milieu de MΞ, et avec le rayon ΠΞ, décrivons aussi une circonférence de cercle : cette circonférence passera par le point N ; et ces deux circonférences seront égales, puisque leurs diamètres sont égaux.

Puisque les angles ΞMN, ΛΘK ont leurs sommets à des circonférences égales, ces angles seront entre eux comme les arcs compris par leurs côtés, c'est-à-dire que l'angle ΞMN sera à l'angle ΛΘK comme l'arc ΞN est à l'arc ΛK. Mais dans des cercles égaux, la raison des arcs est plus grande que la raison des cordes ; donc la raison de l'angle ΞMN à l'angle ΛΘK est plus grande que la raison de ΞΝ à ΛΚ. Mais ΞΝ est à ΛΚ comme ΜΞ est à ΜΛ. Donc la raison de l'angle ΞΜΝ à l'angle ΛΘΚ est plus grande que la raison de ΘΛ à ΜΛ, c'est-à-dire que la raison de l'angle Δ à l'angle A est plus grande que la raison de ΑΓ à ΔΖ.

Faisons à présent ΑΡ égal à ΔΕ. Du point P élevons une perpendiculaire sur AB ; faisons ΡΣ égal à EZ, et joignons ΑΣ. Le triangle ΑΡΣ sera égal et semblable au triangle ΔΕΖ. Du point A et avec le rayon ΑΥ décrivons l'arc ΦΥΤ. L'angle ΦΑΥ sera à l'angle ΥΑΤ comme le secteur ΦΑΥ est au secteur ΥΑΤ. Mais la raison du secteur ΦΑΥ au secteur ΥΑΤ est moindre que la raison du secteur ΦΑΥ au triangle ΑΡΥ ; donc la raison de l'angle ΦΑΥ à l'angle ΥΑΤ est moindre que la raison du secteur ΦΑΥ au triangle ΑΡΥ, et moindre par conséquent; que la raison de ΣΥ à ΥΡ. Donc par addition, la raison de l'angle ΦΑΥ à l'angle ΥΑΤ est moindre que la raison de ΣΡ ou de ΓΒ à ΥΡ. Mais ΓΒ est à ΥΡ comme AB est à ΑΠ ; donc la raison de l'angle ΦΑΤ à l'angle ΥΑΤ est moindre que la raison de AB à ΑΡ, c'est-à-dire que la raison de l'angle ΖΔΕ à l'angle ΓΑΒ est moindre que la raison de AB à ΔΕ,ξ

(λ) Le système de numération imaginé par Archimède est fondé sur les mêmes principes que le nôtre. Au lieu de nos neuf chiffres significatifs, il se sert des lettres de l'alphabet. Sans doute Archimède avait un caractère qui lui tenait lieu de notre zéro. Dans son système, comme dans le nôtre, les unités des caractères dont il se sert forment une progression géométrique dont la raison est dix. La seule différence consiste en ce que les unités sont à gauche au lieu d'être à droite. Voyez le Tableau du système d'Archimède comparé avec le nôtre.

(μ) C'est la propriété fondamentale des logarithmes, et c'est par le moyen de cette propriété qu'Archimède va exécuter tous ses calculs.

(ν) Puisque Δ : A :: Λ : Θ, on aura A x Λ = Θ x Δ. Mais Δ = Δ x A ; donc A x Λ = Θ x Δ x A; donc Λ = Θ x Δ.

(ξ) J'ai supposé, d'après Archimède, que le diamètre d'une graine de pavot était la quarantième partie de la largeur d'un doigt; qu'une graine de pavot contenait 10,000 grains de sable; qu'un stade valoir 10,000 doigts, et que le diamètre de la sphère des étoiles fixes était de 10,000,000,000 stades. J'ai fait les calculs, et j'ai trouvé que le nombre des grains de sable contenus dans la sphère des étoiles fixes serait de 64 suivi de 61 zéros. Ainsi Archimède a raison de dire que ce nombre est plus petit que 100 suivi de 61 zéros, c'est-à-dire plus petit que mille myriades des nombres huitièmes.

ISBN : 978-1977742810

www.ingramcontent.com/pod-product-compliance
Lightning Source LLC
Chambersburg PA
CBHW050255230526
45470CB00005B/2282